U0916757

SANYA HOTELS II

三亚酒店 2

刘光亚　朱　莉　张一平　主编

中国建筑工业出版社

图书在版编目（CIP）数据

三亚酒店2/刘光亚，朱莉，张一平主编. —北京：中国建筑工业出版社，2010.12
ISBN 978-7-112-12703-0

Ⅰ.①三… Ⅱ.①刘…②朱…③张… Ⅲ.①饭店-建筑设计-三亚市-图集 Ⅳ.①TU247.3-64

中国版本图书馆CIP数据核字（2010）第227739号

责任编辑：唐 旭 黄居正
责任设计：赵明霞
责任校对：王金珠

谨以此书献给中华人民共和国成立60周年

封面题词：叶如棠
顾　　问：王　勇
编委主任：李　瑜　杜丽银　李兴建
主　　编：刘光亚　朱　莉　张一平
副 主 编：顾晓华　张　莎　黄志军
编 委 会：（按姓氏拼音排序）
戴云龙　李晓光　刘常青　孟伟康
王　泉　杨　杰　张　兵　赵成豪
编　　辑：张　莎
美术编辑：孙中帅
摄　　影：周晓东

SANYA HOTELS II
三亚酒店2
刘光亚 朱 莉 张一平 主编
*
中国建筑工业出版社出版、发行（北京西郊百万庄）
各地新华书店、建筑书店经销
北京嘉泰利德公司制版
北京盛通印刷股份有限公司印刷
*
开本：880×1230毫米 1/16 印张：$16^1/_2$ 字数：528千字
2010年12月第一版 2010年12月第一次印刷
定价：168.00元
ISBN 978-7-112-12703-0
（19891）

序
INTRODUCTION

周畅
2009年8月

海南 1988 年建省，已有 21 年了。省政府明确将建设国际旅游岛作为未来主要发展方向。三亚作为海南旅游中最有亮点的城市，也面临着新的机遇和挑战。

高端现代化服务配套体系是国际旅游岛建设中十分重要的内容。以三亚为例，虽然酒店业起步较晚，但经过近年来的建设发展，已成为三亚城市旅游环境的重要组成部分，矗立在亚龙湾、大东海、三亚湾畔众多优美的酒店建筑构成了城市不可或缺的风景，三亚的酒店建筑更已形成了独特的滨海旅游度假酒店风格。

三亚酒店的地域性和国际性是显而易见的，从十几年前没有一个五星级酒店，到今天的喜达屋、万豪、希尔顿、洲际、温德姆、雅高等十多家国际知名酒店管理集团云集，让三亚成为一个中外知名饭店管理集团的小"联合国"。国际上主要知名品牌的酒店管理集团登陆三亚，不仅取得了不俗的业绩，也为三亚服务业带来了全球化的服务理念，提升了三亚酒店业的整体形象和管理水平。三亚酒店建筑设计的国际化，使越来越多国际建筑设计公司参与三亚酒店的设计，他们在兼容了不同地域、不同文化的同时，也使新酒店各种指标与国际标准和规范接轨，从而能满足来自不同国度、不同民族、不同文化、不同历史背景游客的居住习惯和精神享受。而与此同时，众酒店也呈现出风格迥异的建筑和装修风格，形成了三亚酒店多姿多彩的建筑特色。

在大量引入国际设计理念的基础上，三亚酒店建筑也具有十分独特的地方特色。近年来三亚大型酒店的大堂、客房（包括卫浴）、餐饮、SPA 健身、园林景观等设计都不断推陈出新，充分利用了临海的海景资源优势，酒店大堂都采用开放空间，在装修设计手法上，由单一趋向多元，注重现代、简约和时尚，形式上去繁从简，材料上运用木质和海洋生物材料的搭配，让建筑整体风格与自然有机兼容。服务软件上也着重突出了海南的独有韵味，使酒店业成为传播三亚文化、展示三亚形象的窗口，旅客们进入酒店可以感受到滨海风光和与众不同的旅行体验。

酒店设计者运用三亚得天独厚的自然环境，营造出既节能又绿色环保的生态建筑。三亚很多酒店大堂一改内地酒店在高大的四季大厅采用空调恒温消耗大量能源的做法，合理利用当地气象条件，尽量摈弃空调，实现自然通风，在国内可谓独树一帜。同样，在节约用水、节能减排、太阳能和风能等新能源利用、垃圾和污水处理、绿色餐饮和绿色管理中不断采用新技术、新材料、新方法，为旅客提供了真正环保、健康、安全的旅游环境，也成为三亚酒店的重要特色之一。

随着三亚知名度、美誉度的不断提升，三亚的游客越来越多，淡旺季的交替不再明显。因此而催生出的各种产权式酒店、经济型酒店，家庭旅馆也应运而生，不少酒店以个性化服务取胜，物美价廉，深受年轻消费者和家庭出游型消费者的欢迎，成为三亚酒店业不可缺少的组成部分。

建设国际旅游岛将成为海南旅游可持续发展的基础和方向，而海南酒店业将具有更好的发展前景。海南政府为进一步提升海南酒店管理水平，向规模化、品牌化和国际化方向发展，将在 2013 年前再引进 20 家著名国际酒店管理集团，使五星级国际水准的度假型酒店达到 60 家以上。此书的出版发行，将总结三亚近年来酒店建筑中的特色，对三亚乃至整个海南未来酒店业的发展都提供了有益的帮助。

前言
PREFACE

朱莉
2009年8月

素有“东方夏威夷”之称的海南省三亚市，是位于我国最南端的一座国际热带海滨风景旅游城市。与普通城市的最大不同，三亚市城市的主要功能（旅游度假功能）主要不是由主城区承担，而是分布在长达数十公里的滨海带区域内，滨海区域承担了包括各种文化旅游设施、旅游宾馆、旅游购物区、地方民族风土人情园区和服务设施等营造旅游的环境职能。包括海棠湾、亚龙湾、天涯海角、鹿回头和崖州古城等景区和名胜在内的国家级热带海滨风景，以及独具特色的热带植物景观和曲折多变的海岸线，构成了三亚市绮丽的热带海滨风光，因此而云集了全国最多、最集中的五星级及超五星级酒店。得益于海水的休闲功能和独具特色的热带自然风光，三亚各具特色的高星级度假酒店，注重环境生态的保护，强调地方气候特点的同时，还考虑满足更多的旅游兴趣的感性设计建筑，名副其实成为既具备视觉美景享受，又提供消遣的各具特色的最佳休闲度假胜地。

一、三亚的海滨度假酒店，主要分为两大类：

目标度假酒店

自然风光是首要吸引要素，一线海景依托白沙碧海的优质景观资源，营造出浪漫、休闲的度假氛围。如三亚亚龙湾金茂丽思卡尔顿酒店，其特色有：海景私家海滩，450 间设施完善的豪华客房，其中包括 334 间面积超过 60 平方米的精致客房，66 间位于行政楼层的特色客房和套房，17 间风格迥异的观景套房以及 33 座带有独立泳池、享有私密空间的私家别墅。酒店设有以“食享”为主基调的 8 个餐厅酒廊，以及占地约 3000 平方米的亚洲区最大水疗中心。水疗中心由世界著名 SPA 顾问公司 ESPA 设计管理，提供顶级 SPA 理疗及美容护理服务。会议区域提供最现代化的会务设施和最灵活便捷的会务服务，其中包括近 1000 平方米大宴会厅，九个会议室和一个商务中心以满足不同类型会务需求。全市唯一的室外海景婚礼礼堂，以优美的南中国海为背景，为新人们见证终生难忘的幸福时刻。

主题度假酒店

大多位于二线腹地内，虽无核心环境景观资源（沙滩和大海），但酒店设施独特，建筑品质和酒店等级高端，可提供周边度假酒店无法体验的经历，吸引几类特定类型的旅行者。如亚龙湾铂尔曼酒店，建筑风格为东南亚特色（泰国、缅甸、南洋三种不同风格），产品主要针对家庭和需要私密环境的客户；借助外部环境景观作为支撑（农田和红树林以及临近海滩），以低层为主，较低的容积率、建筑密度和建筑高度，保证了观赏远山和近处开敞空间的视线畅通，使度假者更加亲近自然；而且游泳池的位置和景致为房间和餐馆增加了趣味。同时，基于二线酒店先天劣势和市场需求考虑，为了既保证品质又能扩大市场受众降低市场风险，此类酒店还需通过加大投入营造差异化的主题来针对细分市场，在经营模式上也与一线酒店有所分别。如亚龙湾五号，采用的是产权度假酒店方式。

二、三亚的度假酒店，注重了以下几个原则：

强调自然资源、文化内涵与度假体验的完美结合；

强调度假区品牌（如亚龙湾国家旅游度假区）的核心竞争力与高端度假休闲氛围的成功塑造。

寻求自身风格差异的同时，形成诸如建筑高度、形式、色彩等方面的共性原则，以谋求形成度假区整体视觉效果与原生自然景观风貌的和谐统一。

注重了从技术生态、景观生态和文化生态三个层面，降低建筑建造与运作能耗、改善局部小气候与延续地方原生文化的尝试。

三、三亚海滨度假酒店，主要体现了几大特点：

自然环境保护与道路交通

建筑及公共设施在尺度、形式方面与自然景观相协调，充分利用环境因素；注重对沙坝、现有植被和红树林的生态保护，强调环境亲和性。宜人的气候条件、原真的地物地貌、多样的动植物所带来的舒适的自然环境，是度假区和度假酒店环境亲和性的基础，与之一体化的现代化、便捷舒适的人工设施与服务，则将环境的亲和性升华，为游客提供了一个舒适宜人的人文度假环境。

小范围造景尽量采用当地天然材料，以免破坏自然环境和生态系统。

道路的平面线形在保证交通顺畅的基础上，充分考虑自然地形与环境景观，增加道路的趣味性；塑造滨海林间小道的特有氛围。

规划与建筑设计

建筑物与自然景观融为一体并与趣味焦点相连；最大化的海景客房数量；适合度假或会议需求的客房，配套的衣柜和行李储藏柜较大，配有观景的阳台或庭院；强调面海一侧建筑的外向性及开放性；敞厅敞廊以及坡屋顶等元素的普遍运用，强化了热带建筑特征；充分考虑到建筑各个方向的形态、立面与自然的协调；建筑尽量采用原始砖石材料或高档涂料、面砖等外装修材料，色彩尽量保持建筑材料的原有颜色。各具特色、能直接观海的大堂，承担了提供信息、集合和放松的中心功能并形成强烈视觉冲击。

客房房间大多在 300 ～ 400 个，提供设施齐全的就餐区、休息厅和休闲设施，乃至完备的专用设施包括沙滩、特色餐馆、康体设施以及高尔夫球场。除了开发高端客房，还包括为长期停留的客人或家庭旅游者提高可选择的行政套房、私人别墅或别墅类型的辅助性住宿设施。

环境景观塑造

强化内部庭院景观与周边环境的融合，运用开放式的环境设计，将外部良好的视觉环境引入内部。室内外小品细腻、独特和充满趣味；景观视线的组织，以一系列具有特殊且具序列感的空间引导，将游人从建筑、林荫引至海滨。

文化特色体现

在保持原生本土文化（主要为黎族、苗族文化）的基础上，体现对外来文化的接纳和包容，强调健康度假的氛围；在建筑装饰、景观塑造、标志标示、公共艺术等方面利用了传统手工艺进行设计创作。标志标示具有个性，酒店大多有专有的标示系统。

本丛书通过三亚主要度假酒店的建筑、大堂、餐厅、客房和园艺等图片简要展示了三亚度假酒店风格和特点。事实上，酒店规划设计是在进行市场调研、可行性研究、投资分析、确定经营管理模式等一系列前期工作基础上深化出主题和特色理念，并通过总体布局及功能分区规划设计、建筑设计、室内设计、机电及设备系统设计、标识设计、评星设计不断进行优化，最终形成旷世之作。

综观三亚酒店的发展，离不开酒店投资者的勇气和谋略，也展现了国内外设计师的智慧和才艺。在这里我要由衷感谢参与三亚酒店建设的投资者、设计师、建设者，感谢为本书出版提供帮助的酒店和所有朋友。

由于时间、条件和篇幅限制，书中没有收录酒店不同功能用房的图片，是为憾。

CONTENTS
目录

Sanya Ritz–Carlton
金茂三亚丽思卡尔顿酒店

Leave the world behind, distance yourself from worldly concerns and discover The Ritz–Carlton, Sanya, luxury hotel where majestic mountains share the landscape with miles of secluded beaches, rainforests and the pristine South China Sea. With exceptional amenities and impeccable service, The Ritz–Carlton on Yalong Bay offers guests an unforgettable retreat.

坐落于素有"东方夏威夷"之称的中国唯一滨海旅游度假城市——三亚的中国最美海滩之首——亚龙湾之上，金茂三亚丽思卡尔顿酒店是时尚旅行者极致度假体验之首选。在这里，绵延数里的海滩背靠宏伟的山峦，遥望远山，风景如画。在这样的热带天堂中沐浴阳光，让人可以远离世俗的烦恼。

Economic and Technical Indicators:

Total site area: 15.34hm^2

Total floor space: 76700

Capacity rate: 0.5

Vegetation rate: 75%

Building density: 8%

The number of rooms: 450

Parking space: 490

主要经济技术指标：

总用地面积：15.34hm^2

总建筑面积：76700m^2

容积率：0.5

绿化率：75%

建筑密度：8%

客房总数：450间

停车位：490个

总平面图

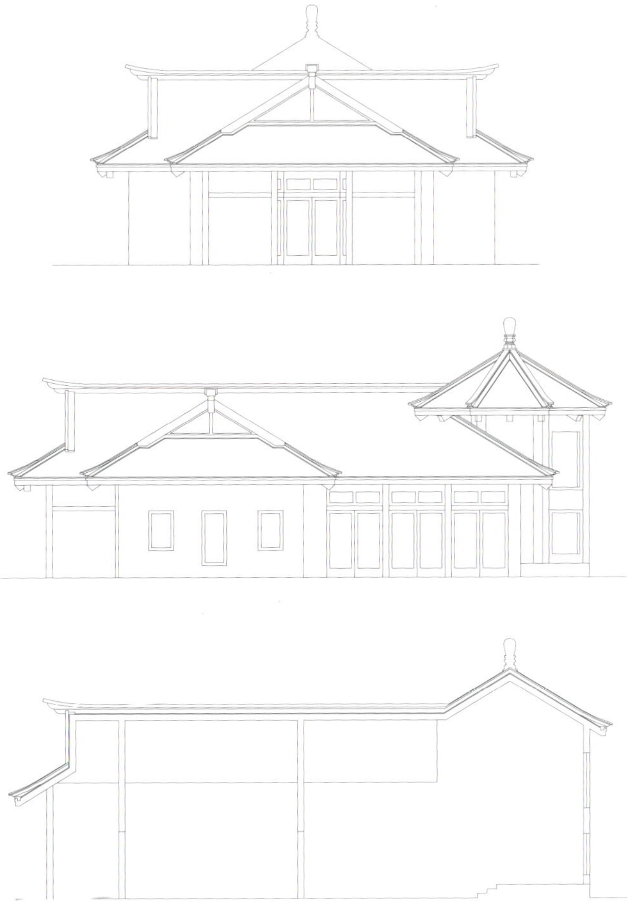

婚礼亭剖立面

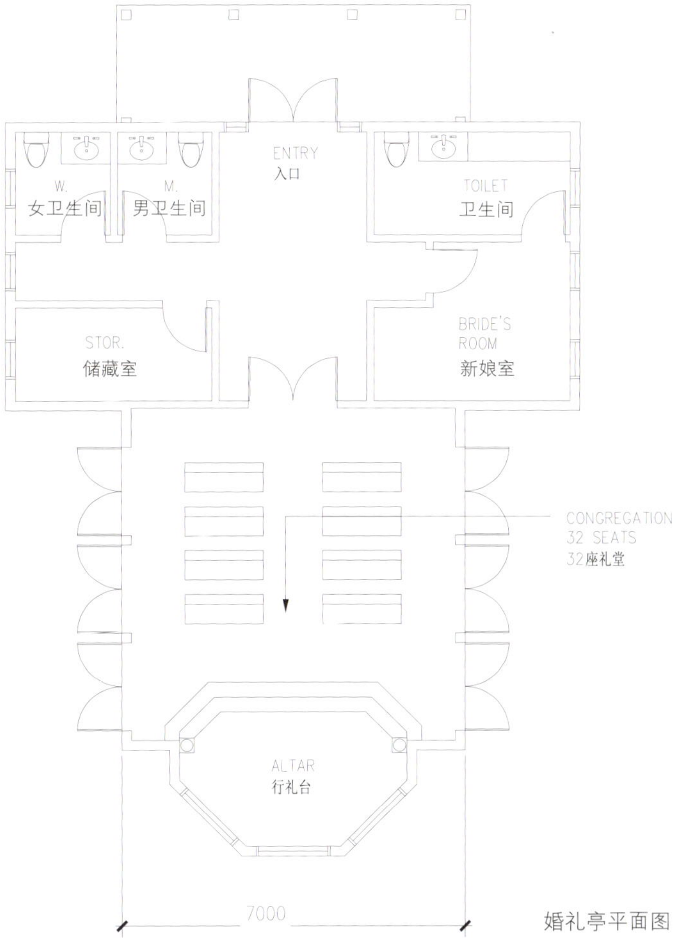

ENTRY
入口
W.
女卫生间
M.
男卫生间
TOILET
卫生间
STOR.
储藏室
BRIDE'S
ROOM
新娘室
CONGREGATION
32 SEATS
32座礼堂
ALTAR
行礼台
7000

婚礼亭平面图

BALCONY
阳台
LIVING ROOM
起居室
BEDROOM
卧室
BEDROOM
卧室
WALK-IN
CLOSET
进入式衣橱
DRESSING
梳妆区
BATHROOM
卫生间
BATHROOM
卫生间
POWDER
客厕
CLOSET
衣橱
FOYER
门厅
WALK-IN
CLOSET
进入式衣橱
ENTRY
入口
CORRIDOR
走廊

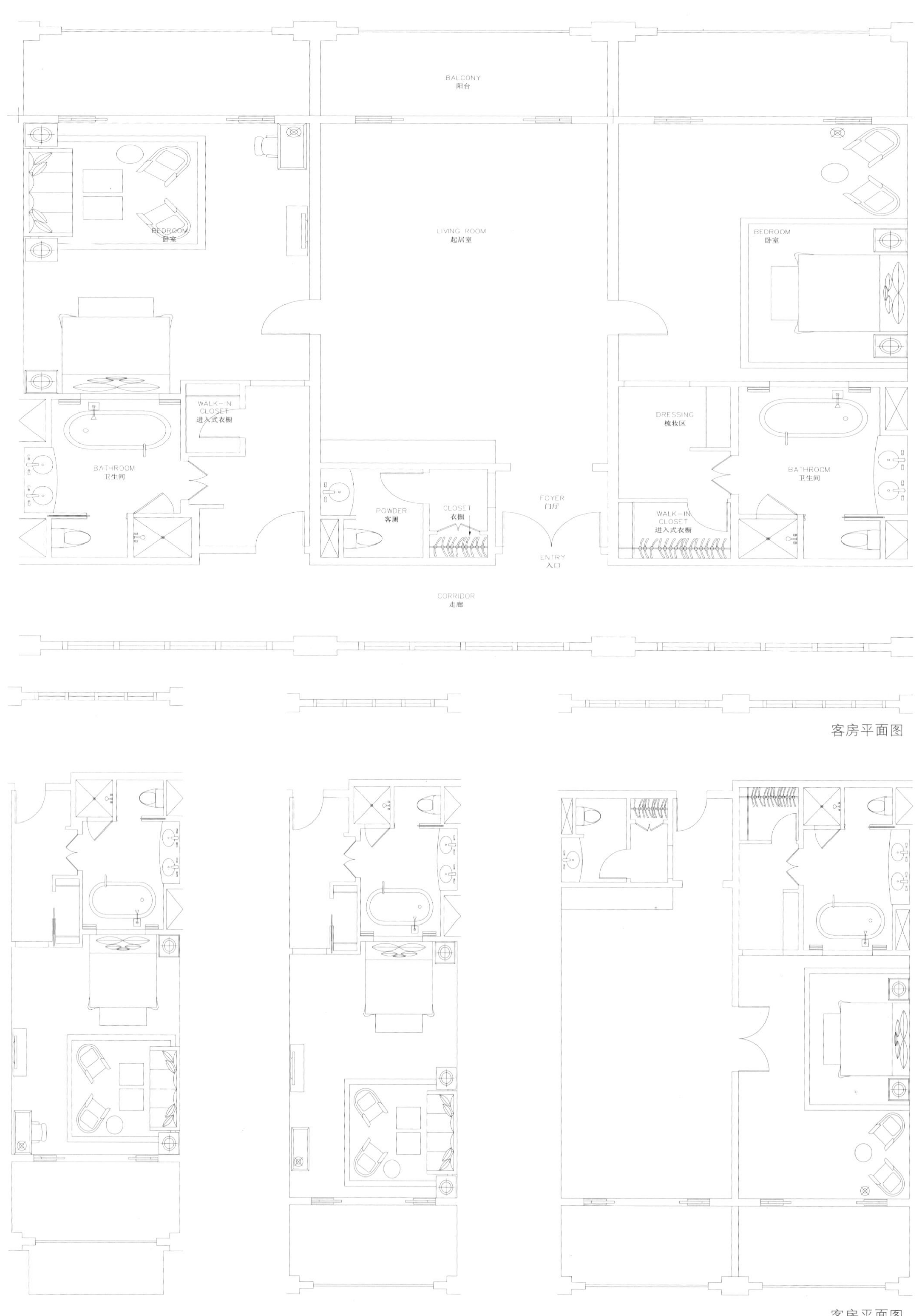

客房平面图

客房平面图

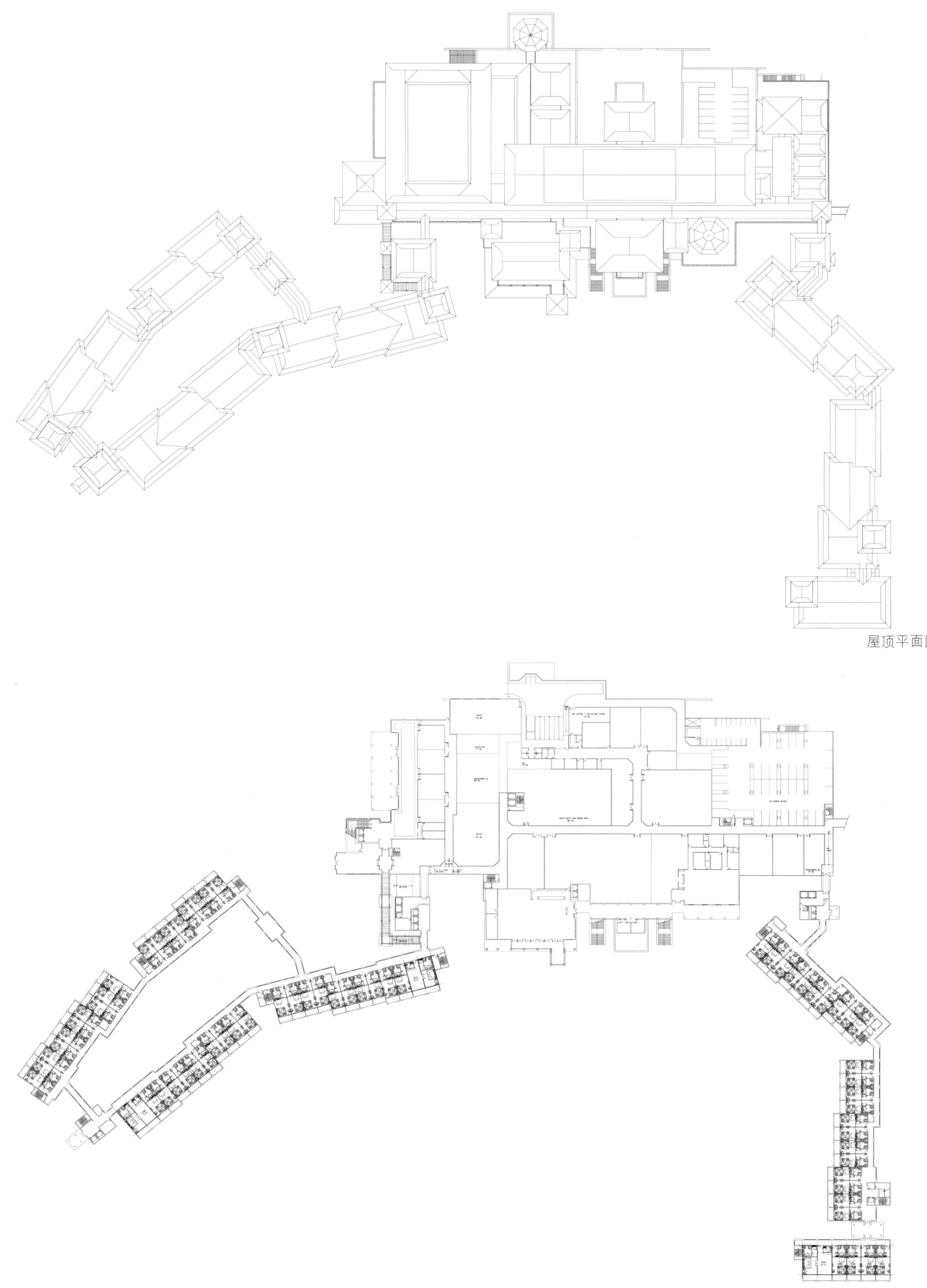

屋顶平面图

主楼平面图

ONE MILLION
MAN POWER

Sanya Gloria Resort
三亚凯莱度假酒店

At the 5 star Sanya Gloria Resort, guests relish in comfort and tranquillity while enjoying the undisturbed beauty of Hainan. Nestled in the Yalong Bay where guests can relax in a world of their own or visit various popular tourist attractions located only minutes away, one is assured of the ultimate in privacy, rest and recreation.Gloria Resort's modern architecture and interior design are unique to this region. The landscaping is a pleasant mix of greenery, accentuating the beauty of Hainan's natural flora, and a practical use of open spaces. The interior of the hotel is a luxuriant composition of warmth, spaciousness and pleasing furnishings, all set to welcome guests and make them feel at home the moment they step into the hotel.
Sanya Gloria Resort now is being redecorated, but the old one as the first hotel established in sanya bay will be remembered always.

三亚凯莱度假酒店，五星级的宾客服务和纯美的自然风光交融着带来心灵的安宁与舒畅。酒店依偎在风光旖旎的亚龙湾畔，居此的度假者既可沉浸在悠然自得的私密花园，又可享受与众多旅游景点近在咫尺的便利。三亚凯莱度假酒店现代的建筑外观和别致的室内设计，给度假者带来新鲜的视觉冲击。怡人的自然地貌融海南岛土生的热带花卉、植被于一体，造就出视野开阔的实用绿地空间。酒店内部设施崇尚宽敞温馨的装饰风格，让度假者深入体验宾至如归的极致感受。
三亚凯莱大酒店现已开始改建，但是作为在三亚湾开发过程中落成的第一家酒店依然将成为一段令人难忘的历史。

Economic and Technical Indicators:
Total site area: 10.74hm^2
Total floor space: 75200
Capacity rate: 0.7
Vegetation rate: 65%
Building density: 15%
The number of rooms: 404
Parking space: 160

主要经济技术指标：
总用地面积：10.74hm^2
总建筑面积：75200m^2
容积率：0.7
绿化率：65%
建筑密度：15%
客房总数：404间
停车位：160个

安全出口
EXIT

Pullman Sanya Yalong Bay Resort & Spa

三亚亚龙湾铂尔曼度假酒店

Pullman Sanya Yalong Bay Resort & Spa is located in the most famous Yalong Bay national tourism and resort district. The resort is linked by a river, waterfall and bridges creating an exquisite natural setting. The villas are designed in different styles of Thai, Burman and South Asia., each villa has private swimming pool. All the functional recreation and fitness facilities provide you the most convenience and relaxation for both of leisure and business.

三亚亚龙湾铂尔曼度假酒店坐落于美丽的亚龙湾，以月牙形的海湾、洁白的沙滩、蓝水晶般的海水著称。酒店内小桥流水，瀑布飞流，异国风情浓郁的各式建筑，将整个空间融合为一体，如置身于一个美轮美奂的天堂。

Economic and Technical Indicators:

Total site area: 8.4hm^2
Total floor space: 23500m^2
Capacity rate: 0.28
Vegetation rate: 65%
Building density: 19%
The number of rooms: 193
Parking space: 189

主要经济技术指标：

总用地面积：8.4hm^2
总建筑面积：23500m^2
容积率：0.28
绿化率：65%
建筑密度：19%
客房总数：193间
停车位：189个

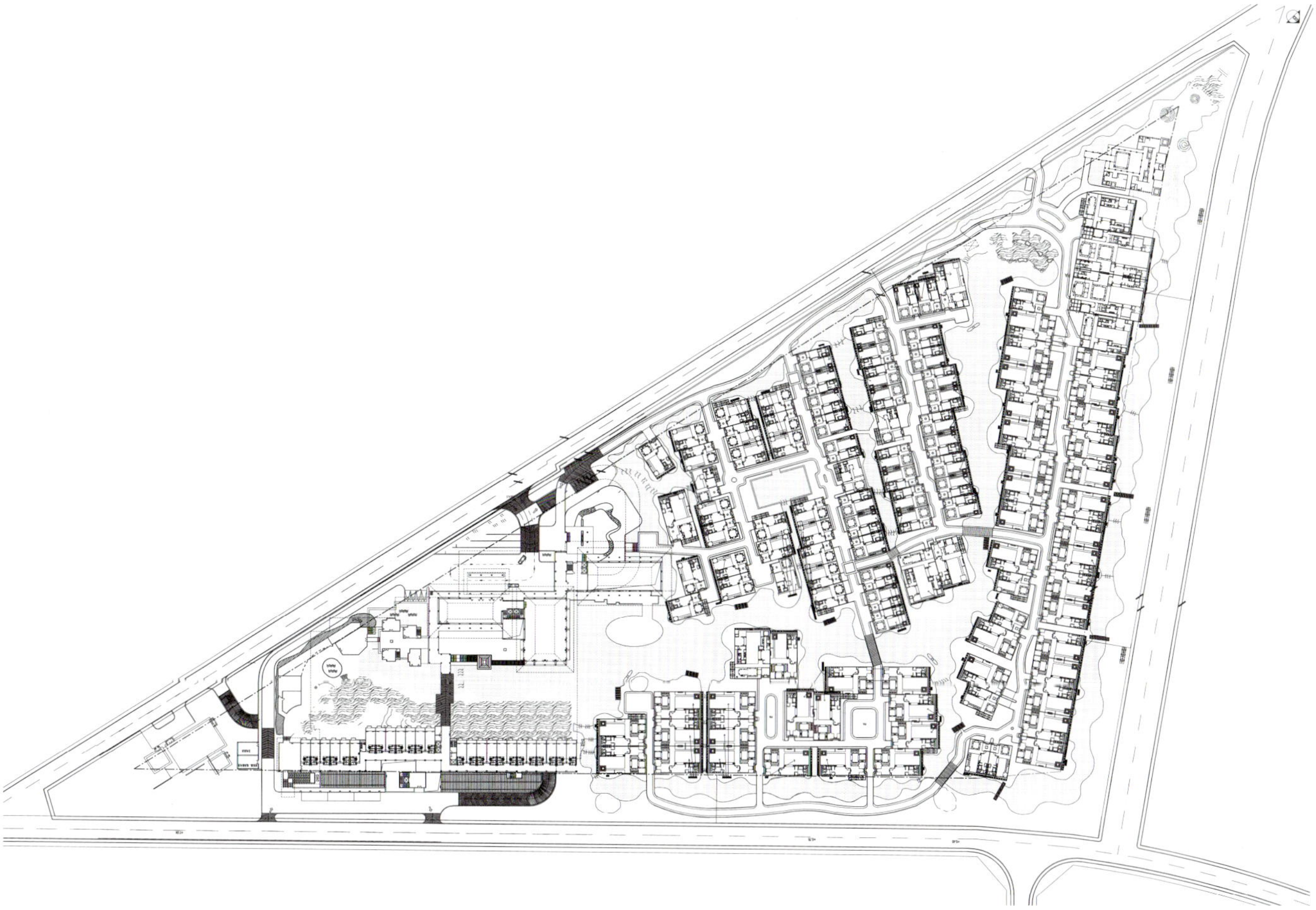

总平面图

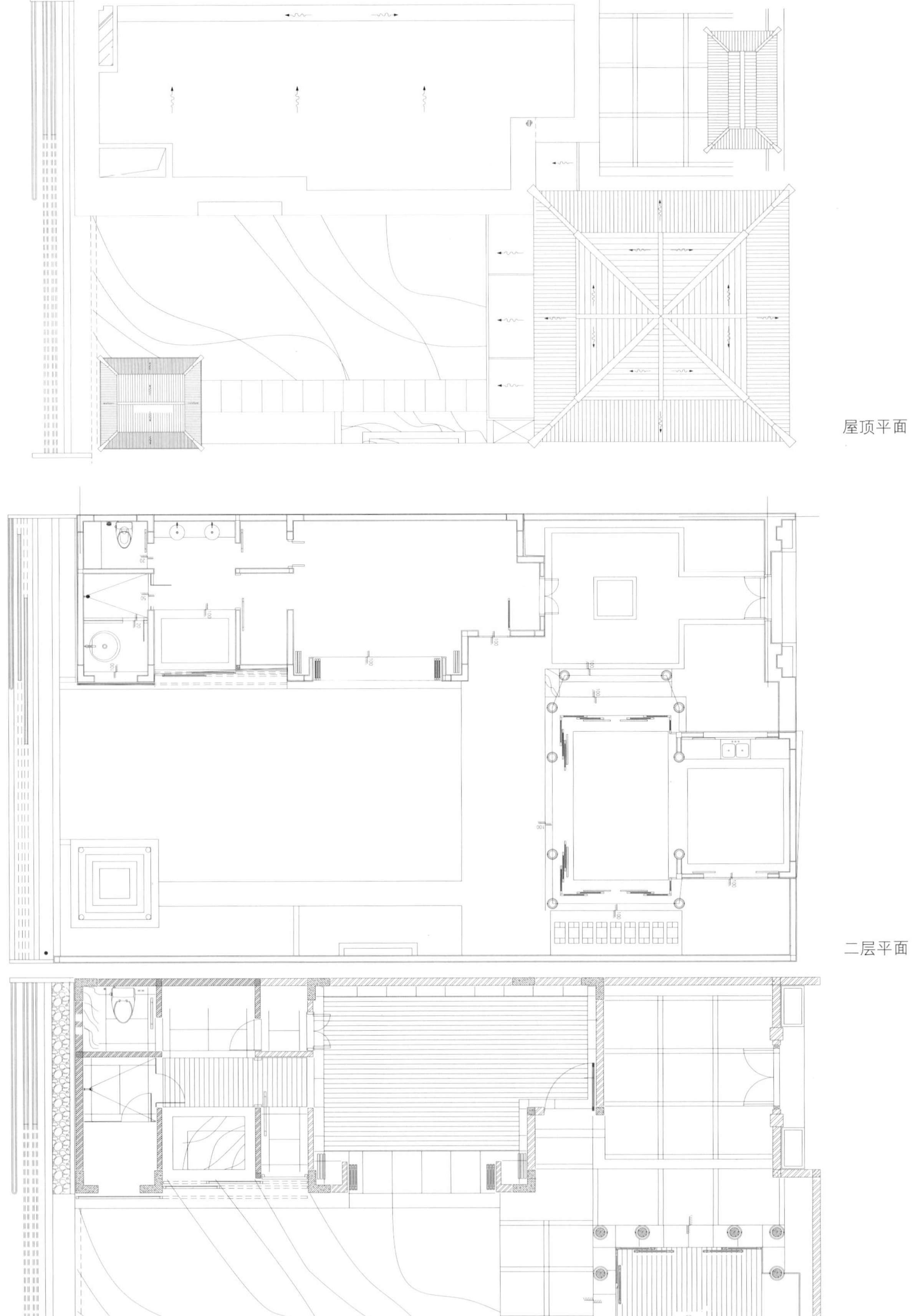

屋顶平面

二层平面

一层平面

Le Spa

Sheraton Sanya Resort
三亚喜来登度假酒店

"The Official Resort of Miss World" for three consecutive years, the beachfront Sheraton Sanya Resort in the Yalong Bay National Resort District overlooks white beaches and inviting tropical gardens. Known as the "Hawaii of China", Hainan Island is a paradise for creating memories. Retreat to our 511 guest rooms, each boasting great views from a private patio.

三亚喜来登度假酒店地处亚龙湾国家度假区，在这里可以眺望白色沙滩和迷人的热带花园，酒店已经连续三年成为"世界小姐唯一官方指定酒店"。海南岛被认为是"中国的夏威夷"，是留下美好回忆的天堂之岛。酒店共有511间客房，每间均有一个私人天井，可以观赏到绝美的景观。

Economic and Technical Indicators:

Total site area: 10.58hm^2
Total floor space: 68800m^2
Capacity rate: 0.65
Vegetation rate: 65%
Building density: 15%
The number of rooms: 511
Parking space: 240

主要经济技术指标：

总用地面积：10.58hm^2
总建筑面积：68800m^2
容积率：0.65
绿化率：65%
建筑密度：15%
客房总数：511间
停车位：240个

总平面图

禁止跳水 1.40M

MANDARA
SPA

Banyan Tree Sanya Resort & Spa
三亚华宇皇冠假日酒店

Sanya Crowne Plaza is well known for its magnificent use of traditional Chinese architectural designs, particularly with its Main Building which houses the lobby and Tea Tree Spa.Crowne Plaza, located in major markets worldwide. With its wide variety of premium services and amenities, including fully-appointed guest rooms with ample work space, full complement of business services, excellent dining choices, quality fitness facilities and comprehensive meeting capabilities, Crowne Plaza and its associates exceed guest expectations by providing the right room, the right technology and the right service to make every stay relaxing, invigorating, stimulating and filled with positive interactions.

三亚华宇皇冠假日酒店是三亚独一无二的将中式古典建筑风格与雅士文化完美地融入热带滨海风情中的完美休闲会聚之所，位于三亚市美丽的热带海滨国家旅游度假区中心——亚龙湾。皇冠假日酒店，广泛分布于世界各主要城市。酒店为客人提供各式各样的特色服务，包括超大会客室、全程商务服务、特色餐点、高品质健身器材、会议特殊招待服务。总而言之，酒店能够为客人提供完美的客房条件、现代化设备，以及舒适的服务项目。

Economic and Technical Indicators：

Total site area：10.79hm^2
Total floor space：80900m^2
Capacity rate：0.75
Vegetation rate：50%
Building density：25%
The number of rooms：513
Parking space：320

主要经济技术指标：

总用地面积：10.79hm^2
总建筑面积：80900m^2
容积率：0.75
绿化率：50%
建筑密度：25%
客房总数：513
停车位：320个

水仙

Banyan Tree Sanya Resort & Spa

三亚悦榕庄度假村

The Banyan Tree Sanya Resort & Spa, located at Luhuitou Bay, Hainan Island, is an all-pool villa resort in Sanya, China. Boasting 49 lavish pool villas nestled in the tropical lagoon landscape of the enchanting Sanya vacation resort, this five-star hotel in Sanya, Yalong Bay is set to be another jewel in Banyan Tree's collection of properties, featuring a spa and hydrotherapy development, signature dining outlets, and extensive conference facilities.

三亚悦榕庄度假村位于海南岛南海岸的鹿回头湾，是一家全泳池别墅度假村。度假村拥有49座依偎在热带湖滨风景中的私密泳池别墅，成为悦榕庄的又一颗璀璨明珠 度假村提供Spa、水疗疗程、餐饮及会议服务。泳池别墅内部宽敞，颇具现代感，采用当地特有材质打造红瓦屋顶和黑色石板墙，融合当地独有的热带风情，细节之处尽显中国韵味。

Economic and Technical Indicators:

Total site area: 29.98hm^2
Total floor space: 75000m^2
Capacity rate: 0.25
Vegetation rate: 62%
Building density: 13.98%
The number of rooms: 49 all-pool villas
Parking space: 155

主要经济技术指标：

总用地面积：29.98hm^2
总建筑面积：75000m^2
容积率：0.25
绿化率：62%
建筑密度：13.98%
客房总数：49座泳池别墅
停车位：155个

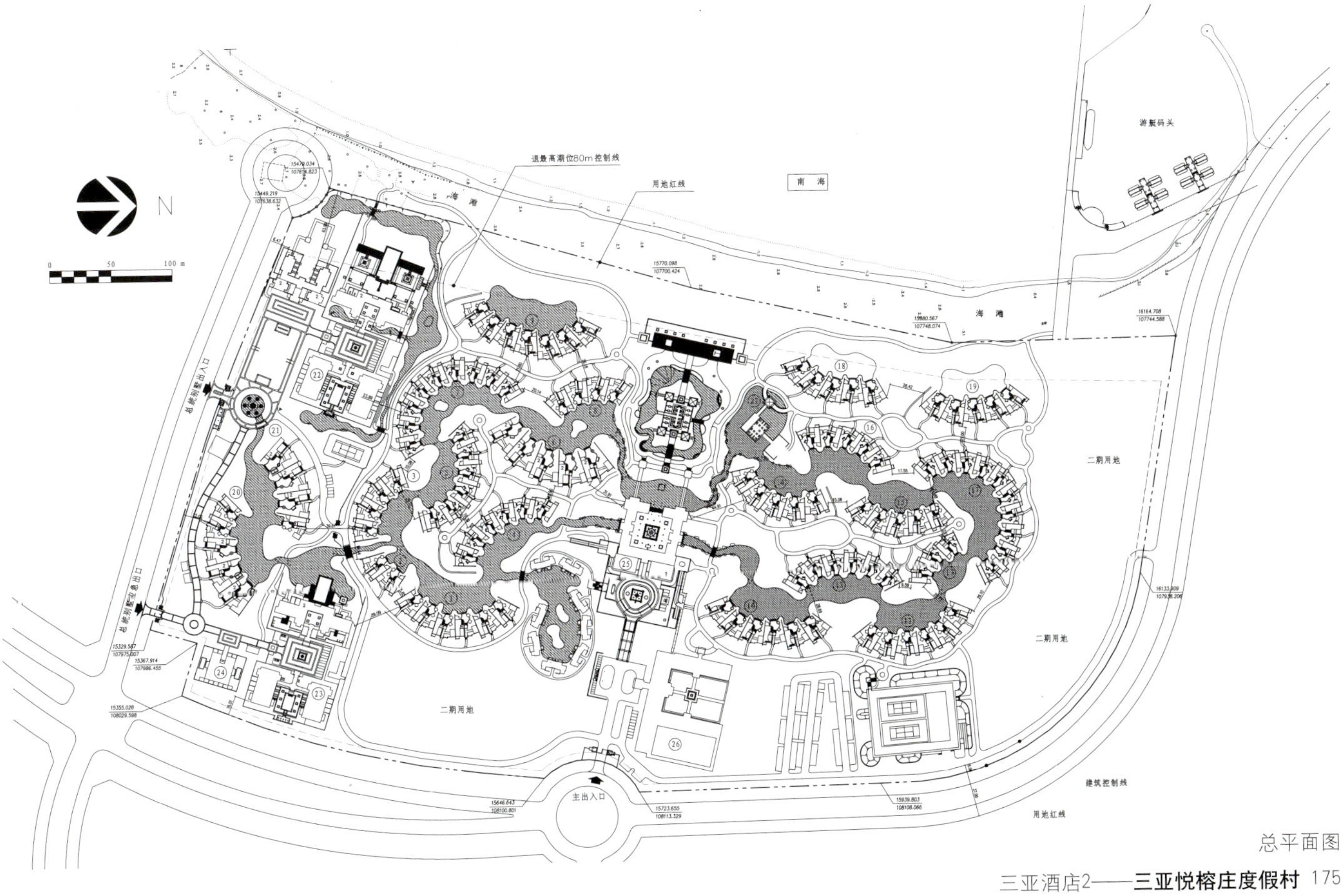

总平面图

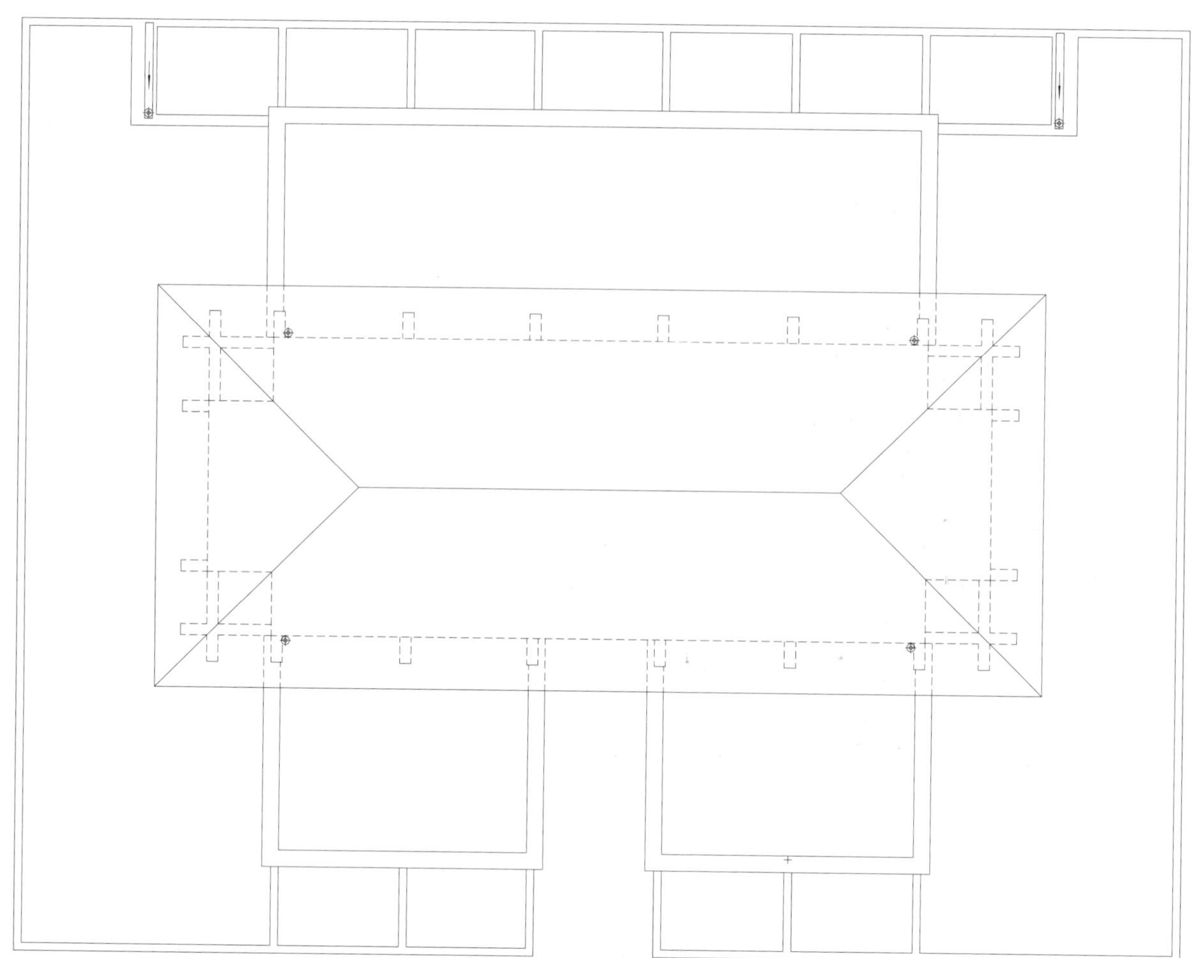

别墅屋顶平面

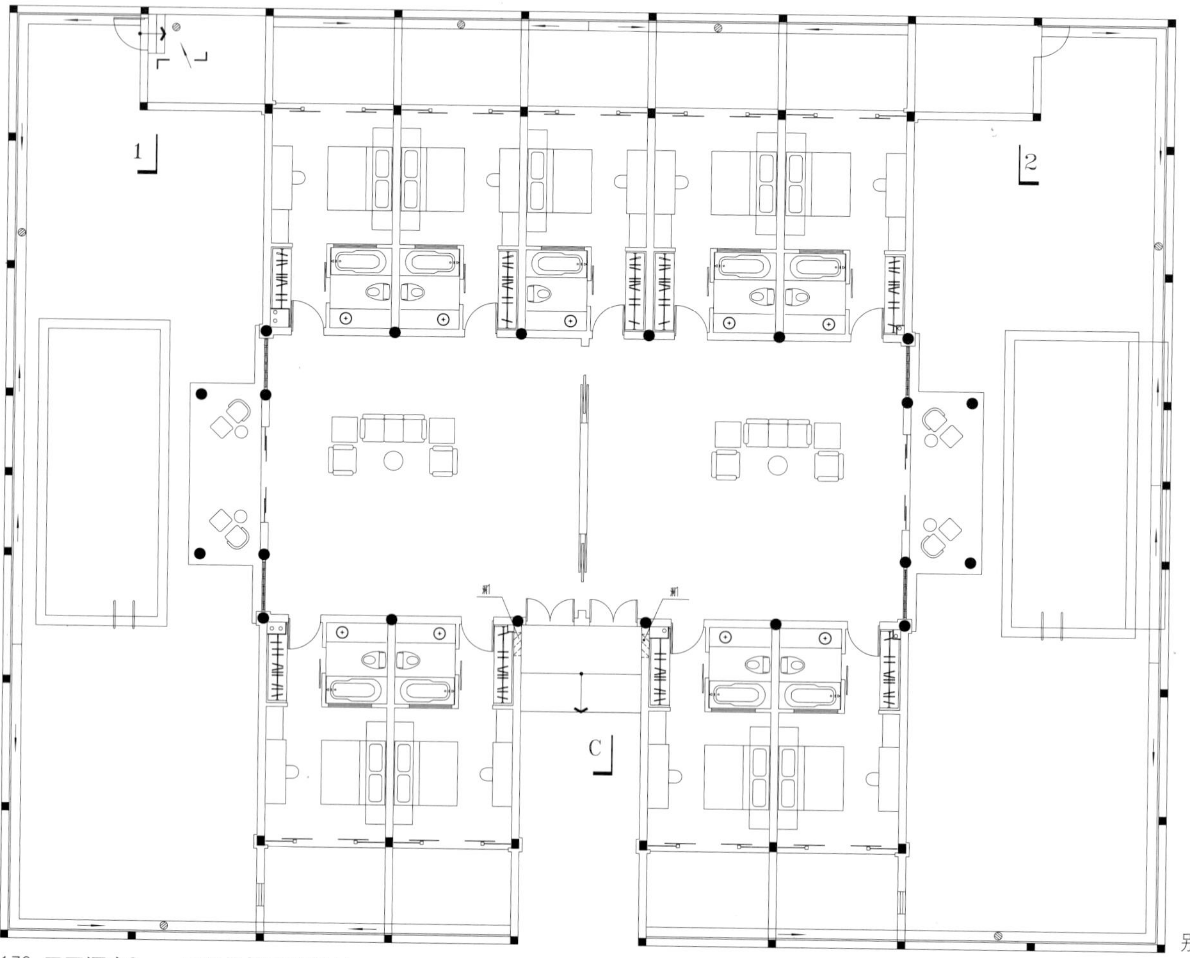

别墅首层平面

别墅立面图

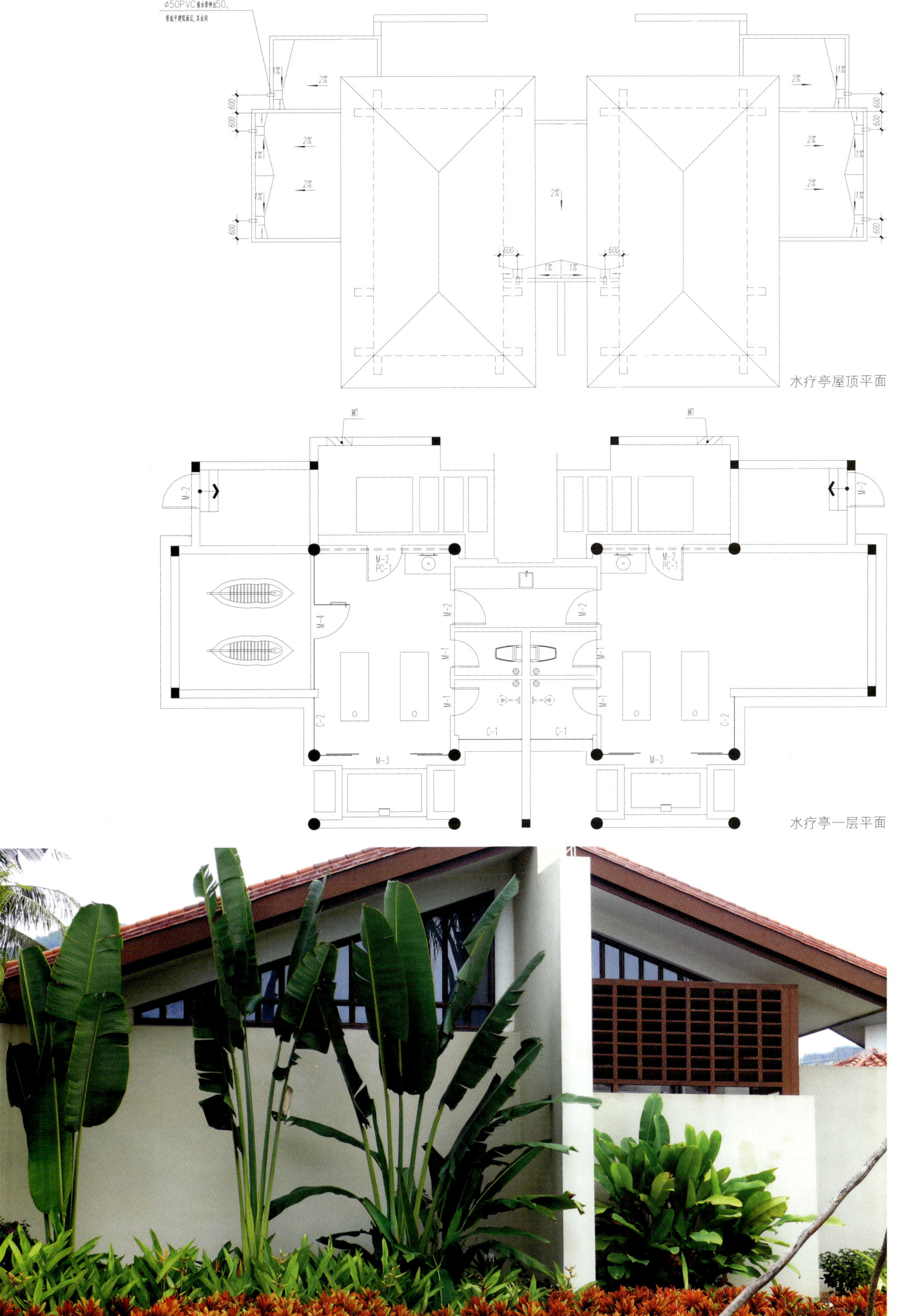

水疗亭屋顶平面

水疗亭一层平面

水疗亭立面图

Hilton Sanya Resort & Spa

金茂三亚希尔顿酒店

Nestled amongst tropical gardens, situated at the western end of Yalong Bay, the Hilton Sanya Resort & Spa commands a prime location on a spectacular stretch of unspoilt private beach. Enjoy views over the emerald China Sea or take in enticing vistas of the surrounding national park from a spacious Guest Room at this Sanya hotel. Relax by the large outdoor pool, work out in the fitness center or visit the Spa Retreat with 8 treatment pavilions, relaxation room, herbal tea lounge and steam room and sauna, as the children enjoy the 'Kids Paradise'.

金茂三亚希尔顿大酒店位于海南岛最南端的三亚亚龙湾，这里是原始的热带天堂，洁白闪亮的沙滩在南海边绵延几百米。在这里，游客可以在客房里静静欣赏大海的美景，或是沉浸在周围国家公园风景区的远景中。酒店设施齐全，拥有大型室外泳池、健身中心、水疗中心、休息室、蒸汽房等，同时这里也是孩子的天堂。

Economic and Technical Indicators:

Total site area: $10.74hm^2$
Total floor space: $56900m^2$
Capacity rate: 0.53
Vegetation rate: 65%
Building density: 13%
The number of rooms: 492
Parking space: 300

主要经济技术指标：

总用地面积：$10.74hm^2$
总建筑面积：$56900m^2$
容积率：0.53
绿化率：65%
建筑密度：13%
客房总数：492间
停车位：300个

总平面图

A	Concrete structure	混凝土结构
B	Copper gutter	铜雨水槽
C	Exposed wood (painted)	外露木材(上漆)
D	Glass	玻璃
E	Heavy finish stucco plaster w/ integral color finish	重质拉毛粉刷涂料一整体着色
F	Metal Railing	金属栏杆
G	Painted Stucco	油漆粉刷涂料
H	Stone Veneer	石贴面料
J	Tile Roof	瓦屋顶
K	Wood balustrade or rail picket	木质栏杆/栏杆柱
L	Wood Finish Concrete	木纹的混凝土
M	Wood Finish GFRC	木纹的由玻璃纤维強化的混凝土
N	Wood Finish GFRP	木纹的由玻璃纤维強化的塑料
P	Wood trellis	木棚架
Q	Glass window w/ wood frame	有木框的玻璃窗
R	Wood trim	木镶边
S	Thatch roofing	草编屋顶
T	Wood siding	木外壁
U	Concrete column	混凝土柱
V	Wood railing	木栏杆
W	Concrete stair sandblasted w/ medium Coarse exposed aggregate	中粗糙度石子混凝土台阶
X	Wood fascia	木檐边
Y	Metal roof	金属屋顶

SPA—入口立面

SPA—海边立面

禪
Zen Villa

Yalong Bay Villas & Spa

三亚亚龙湾五号度假别墅酒店

Yalong Bay Villas & Spa is located in the Yalong bay tourism resort area and comprises108 unique tropical Bali–style garden villas and a chamber building. The hotel borders with the sea, converging person arteries and enjoying the respect of the nobles with an upper–class life.

The hotel reserves some architectural features of the traditional mansions and is integrated with the architectural characteristics of Bali tropical residents. The Hotel is combined the natural and original flavor house architecture with the noble, private, pleasing and elegant modern villas.

亚龙湾五号度假别墅酒店位于亚龙湾旅游度假区内，是由 108 栋独具热带浓郁巴厘岛风情的园林别墅和 1 栋会所组成。酒店面临大海，汇聚人脉，尽享生活之美。

酒店保留了部分传统豪宅的建筑特点，并融入巴厘岛热带民居的建筑特色，将自然和原味的宅院建筑与现代别墅的尊贵、私密、惬意、怡然气息相结合。

Economic and Technical Indicators:

Total site area: 13.21hm^2
Total floor space: 45000m^2
Capacity rate: 0.3
Vegetation rate: 71%
Building density: 15%
The number of rooms: 406
Parking space: 15

主要经济技术指标：

总用地面积：13.21hm^2
总建筑面积：45000m^2
容积率：0.3
绿化率：71%
建筑密度：15%
客房总数：406间
停车位：15个

总平面图

159

197
194

159

17

159
160

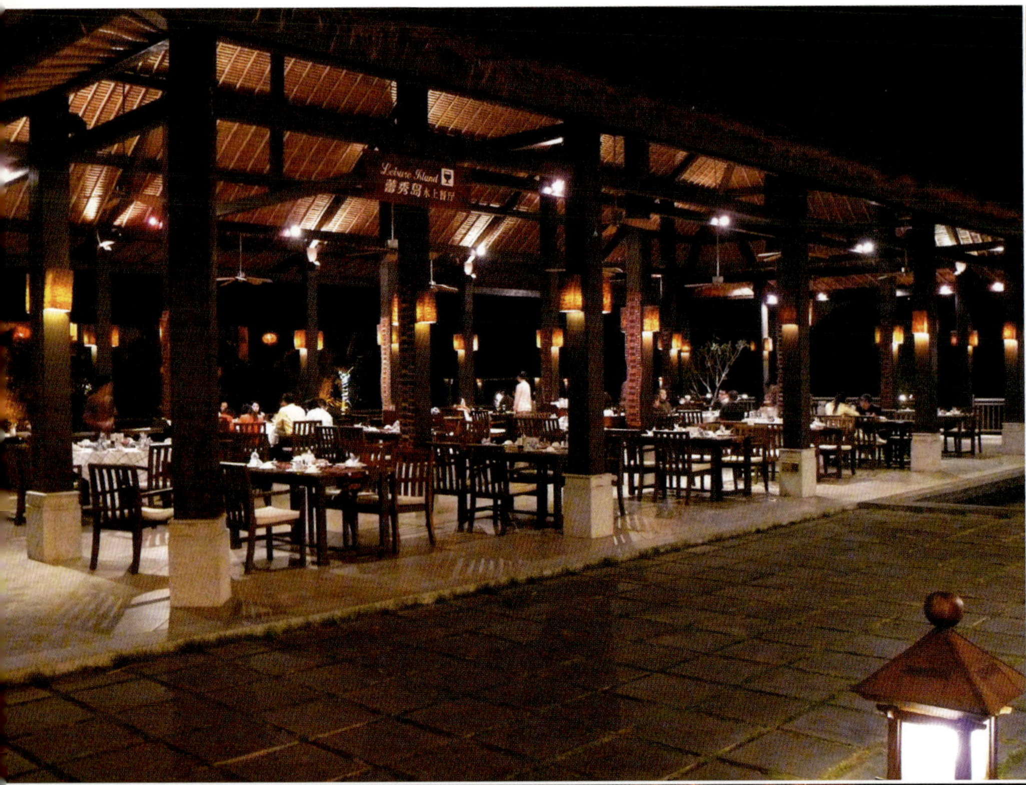
Leisure Island
蕾秀岛水上餐厅

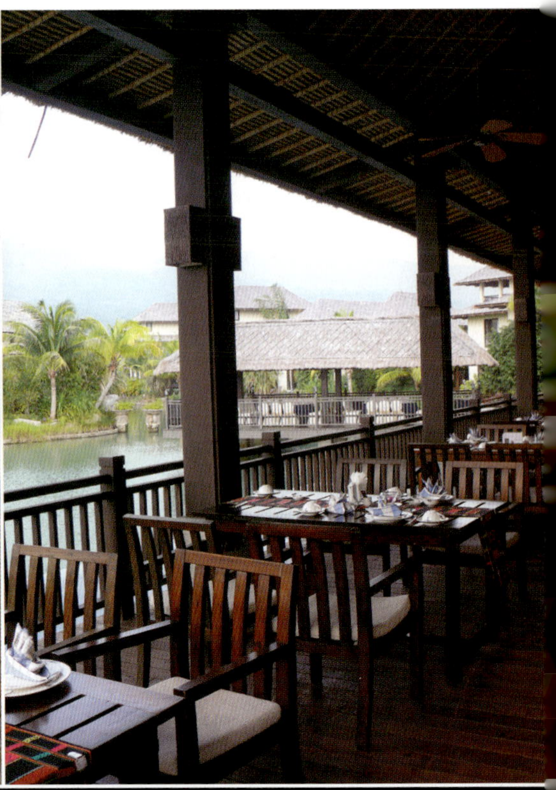

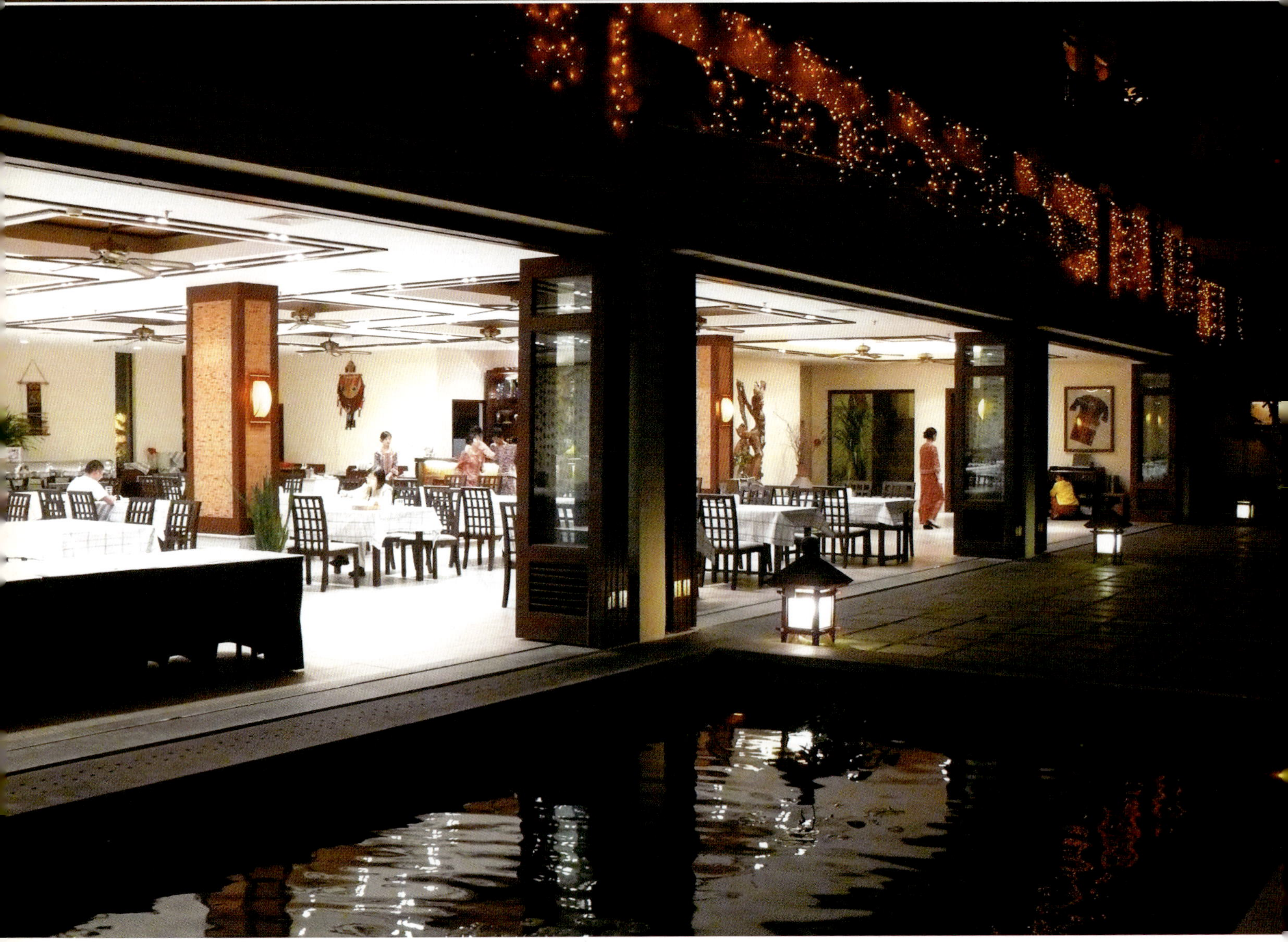

后记
POSTSCRIPT

刘光亚
2009年8月8日
于北京

终于最后一次校稿，将这本耗时半年多的书拿在手里，沉甸甸的感觉不禁让人回忆起编书过程的点滴。有时候做一件事很偶然，在近乎无意、无策之中就决定了要做什么，这套丛书的编辑与出版大概就属于此类状况。一年前在三亚的某次会议期间，我与朱莉及曾在中国建筑学会工作的北京邻居张一平即兴聊起海南建省20周年和即将到来的建国60周年，作为同龄人大家十分感慨，我们都经历着中国改革开放30年所带来的蓬勃发展和繁荣兴旺，身处于时代的巨大变迁中。谈到三亚的城市建设与发展时，大家不约而同地、兴奋地想要为之做点什么，纵使时间紧迫，任务密集，我们还是想抽出时间编撰这套丛书。当最初的意图慢慢实现和偶然的计划初见端倪时，我们开始感到欣慰。我想，说是一种冲动也不尽然，缘起当是大家都十分了解三亚，热爱三亚，都有为三亚做些什么的情怀吧！也因此，大家一拍即合，齐心合力，终成此果——“三亚酒店”应运而生！

世界在变，中国在变，三亚在变……看着书中一张张从数以万计的图纸、照片中挑选出来的图片，一次次用心修改、精心排版组合成的华美画页，思绪再一次被拉回往昔，心中感慨万千：三亚，你的确变了。1993年4月8日，我第一次来到三亚——这个位于中国最南端的、尚未闻名的滨海小城。从一踏上亚龙湾的那一刻起，我就被她原生态的自然美景深深打动和吸引着……那时的三亚除大东海广场附近的南中国大酒店外，整个城市几乎没有四星级以上的度假酒店，她完全不同于我之后去过的世界上任何其他滨海旅游度假胜地，亚龙湾等海岸线当时完全是一片处女地。洁白无瑕的白色沙滩，清澈见底、五彩斑斓的海水，明媚的阳光伴着和煦的海风，自然生长的高大椰子树，以及沙滩上依稀可见的仙人掌和绿色爬藤植物，还有几乎和沙子一样颜色的、小得不能再小的海螃蟹和小贝壳……一切是那么真实、纯洁、自然与恬静，让人痴迷，让人陶醉而流连忘返。我知道那时的我已真切地爱上了她——美丽动人的三亚，充满神秘自然美和生命力的纯情少女。如今，三亚你长大了，你已经不仅仅是海南岛的三亚，更是13亿中国人的三亚，是世界的三亚。时至今日，往返于三亚已不下百次，目睹她一点点的发展，见证了她的成熟与变迁。

这本书是“三亚酒店”系列丛书的第二本，内容主要从图纸和大量实景照片两方面直观的反映三亚酒店建筑的真实风貌。书中的酒店各有特色，风格迥异，特别是融入三亚这块中国唯一热带城市的独特自然环境之中，彰显出与中国其他滨海旅游度假酒店不同的魅力。三亚，作为国际旅游度假胜地，本书重在真实的记录和展现其在城市建设成就中的最重要的部分——酒店，书中没有来自设计师的自述或者专家的评述，期待给读者最直接有效和真实有用的回报。

我们花了很长时间在书的取材方面，聘请专业的摄影师赴三亚拍摄，并与酒店反复协商，力求能从最好的角度拍摄酒店的建筑、室内、园林，希望通过照片综合、真实的反映三亚酒店特色。我们反复向三亚规划局咨询，收集当年报批的图纸、原始资料；找建筑设计单位了解情况，获得基本经济指标。之后，我们一遍遍排版、校对、修改、再排版，为的是让读者获得犹如身临其境的照片，最准确的信息，最赏心悦目的排版，最有品质的书籍。虽然这个过程繁复、漫长和艰难，但我们深感值得。这里，特别感谢的是三亚市委、市人民政府、市规划局、市旅游局以及书中各酒店单位的大力支持和积极配合，他们无私的帮助对此次编书工作的圆满完成是至关重要的。

谈到这本书的对应读者，我想应该适合：一、滨海旅游度假城市的主管领导和城市建设主管部门；二、开发商和建设单位；三、大学教师和学生；四、从事酒店设计的建筑师、室内设计师、园林设计师，以及学术理论研究者；五、想去三亚的旅游度假者。当然，也适合城际和国际间的交流与观摩。书中大量翔实的照片和图纸，除能够给读者最直观的感受和启示之外，也是三亚城市建设与发展成就最真实的记载和反映。

作为规划师和建筑师，用厚重的书本记录历史，我想应是另外一种对三亚城市热爱的直接表达与作为。我们努力了，我们终于有了一些欣慰和一份踏实。

在祖国60华诞来临之际，仅以此书献给所有热爱三亚的人，她是我们共同的财富，共同的宝贝。

封面题字
INSCRIPTION

叶如棠
前国家城乡建设环境保护部部长；
前中国建筑学会理事长；
全国人大常委；
全国人大环境与资源委员会副主任委员。

作者简介
ABOUT AUTHOR

刘光亚
男，清华大学建筑学院建筑学专业毕业，建筑学学士硕士；
正教授级高级建筑师、国家注册城市规划师、国家一级注册建筑师；
一直在规划设计研究机构工作。

朱　莉
女，湖南大学建筑系建筑学专业毕业，工学学士；
高级建筑师；
先后在设计研究院、城市规划管理部门工作；
现任职于三亚市规划局。

张一平
男，重庆建筑大学毕业，工程管理硕士；
高级工程师；
先后在中国建筑学会、中国建设监理协会、中国房地产业协会工作；
现为房地产职业经理人。

序
INTRODUCTION

周　畅
中国建筑学会秘书长。